青少年心理深呼吸丛书

解释 改变生活

JIESHI
GAIBIAN SHENGHUO

张晓舟 著
罗先忠 绘

四川大学出版社

责任编辑:王　玮
责任校对:张伊伊
封面设计:墨创文化
责任印制:王　炜

图书在版编目(CIP)数据

解释改变生活 / 张晓舟著；罗先忠绘. —成都：四川大学出版社，2012.1
(青少年心理深呼吸丛书)
ISBN 978-7-5614-5679-8

Ⅰ.①解…　Ⅱ.①张…②罗…　Ⅲ.①心理健康－青年读物②心理健康－少年读物　Ⅳ.①B844.2-49

中国版本图书馆 CIP 数据核字（2012）第 012315 号

书名　**解释改变生活**
Jieshi Gaibian Shenghuo

著　　者　张晓舟
绘　　画　罗先忠
出　　版　四川大学出版社
地　　址　成都市一环路南一段 24 号 (610065)
发　　行　四川大学出版社
书　　号　ISBN 978-7-5614-5679-8
印　　刷　郫县犀浦印刷厂
成品尺寸　145 mm×210 mm
印　　张　4.25
字　　数　52 千字
版　　次　2012 年 3 月第 1 版
印　　次　2018 年 1 月第 4 次印刷
定　　价　19.80 元

◆读者邮购本书,请与本社发行科联系。
电话:(028)85408408/(028)85401670/
(028)85408023　邮政编码:610065
◆本社图书如有印装质量问题,请寄回出版社调换。
◆网址:http://www.scupress.net

写在前面的话

青少年时期是人生成长的关键时期，青少年面临巨大的学习压力，不仅需要全面学习知识、提升认识、增强能力、更新经验，而且还需要突破旧自我，在自我否定中发展新自我；有时还不得不面对父母、老师规划的路线与自我需求之间的矛盾冲突。心理学家据此把青少年成长期称为挣扎期。这一时期青少年出现较多心理困扰和心理问题是难免的。但这些心理困扰和心理问题多为情景性和一时性的，是其成长过程中由于知识、经验、能力、精力不足和外部环境压力太大所致，这些心理困扰可以通过辅导和自学有关知识得以解决。学习自我解决心理困扰，也是青少年成长的一个重要方面。

现在越来越多的心理学自助读物和心理辅导读物面世，这对处于挣扎期的广大青少年是一个福音。但是现在青少年学习压力大、时间少，急需更简略、更生动形象地讲解心理学基本知识的读物。我们希望这套《青少年心理深呼吸丛书》可让大家轻松愉快地了解心理学的实用知识。

从心理学角度看，做深呼吸可以帮助我们遇到问题冷静下来，从而更客观地评估情景，更好地选择处理问题的方式。从时间上来说，做深呼吸为我们的瞬时反应争取了时间，我们可以更从容地组织自己的资源。我们希望这套漫画丛书让青少年朋友面对问题时做做心理“深呼吸”，从容应对。

在书中我们比较强调通过调动自我内心资源来解决心理困惑和成长中的烦恼，希望大家多问问自己“我到底要什么”来审视自己内心的真正需要，强调通过改变价值追求、思维模式、生活态度，尝试新的应对模式来消除自己的心理困惑。

我们希望同学们用书中介绍的方法来改变自己的心态，学会在更广阔的背景中，更长远的发展阶段中，来认识自己，看待身边的事情，思考社会和生活，提升自己的心理素质。

张晓舟

2018年1月

目录

你怎样解释，你就怎样生活

人们为了更好地适应这个世界的生活，总是力求认识和理解世界上各种活动与现象之间的联系和因果关系，这些认识和理解，形成了人们对世界的解释。

1 解释与谬见

解释是我们认知和应对外部世界变化的一种认识活动，也是人类适应世界的基础活动之一。

人们对客观世界的认识受自己知识、经验、能力、思想观念以及情感的制约，形成了对世界千差万别的认识。这些不同的认识导致他们对世界的解释也不同。

解释涉及对事物起因、过程、结果、性质的推断和认知，也涉及事物与当事者利弊关系的判断。

人们对世界上各种活动和现象的解释中包含的判断，指导和影响着人们适应社会的活动，也影响着我们对生活的感受和态度。

解释常常影响和制约我们应对外部世界事物的态度和行为，有什么样的解释就有什么样的应对方式。

乌云盖顶，
雨将倾盆。
早点收工，
免遭雨淋。

春雨如油，
时不我待。
多挖几垄，
自然灌溉。

顺乎自然，天人和谐。

人算不如天算，
夜半风吹云散。
今夜暂且偷闲，
明早放水灌田。

对世界或事件的解释可能是准确、真实和正确的，也可能是偏差、虚假和错误的。准确、真实和正确的解释可以产生正确的应对方式，偏差、虚假和错误的解释一般导致错误的应对方式。

我可以先去
踢球吗？

今天必须做
完作业才能
回家。
晕……

解释是我们日常生活中每天都要大量发生的一种行为。“这是什么？”“那意味着什么？”“为什么会这样？”“他是什么意思？”“我怎么办？”我们面对外部事物的变化会产生问题，然后给出解释，做出反应。

在对世界各种活动和现象的解释过程中，我们逐渐形成了自己的一套认识和解释的稳定系统。尽管这套解释系统内部也有对立和矛盾的观念，并随实践发展而变化，但它总是相对稳定的。

解释遍及我们的生活的每一个角落。解释的范围可以说无所不包。

随时随地对我们遇到的境况做出判断和解释，已经成为我们一种自然而然的习惯。这些解释可能会解答我们的疑惑，也可能会是谬见。

在我们对世界的解释中，有真知灼见，也会有荒谬的见解。真知灼见是对事物之间联系和变化原因的真实、准确、正确的认识，荒谬见解则是对事物之间联系和因果关系的扭曲认识。

古人见太阳东升西落，就根据自己的生活情况推测有一位天神每天为太阳赶车。今天我们根据科学解释知道这是地球自转的结果。

在我们的现实生活中，由于我们具有的知识经验和掌握的信息有限，我们的解释和判断可能会出错，从而导致一些程度不同的错误见解，甚至是荒谬的见解。

自然和社会现象的一因多果和多果一因，决定了解释的多样性。

自然和社会现象的丰富性和复杂性，决定了解释的丰富性和复杂性，荒谬的见解也因之而多种多样。生活中常见的偏见、成见和各种不合情理的认识见解，我们统称为“谬见”。

荒谬的见解必然导致错误的反应和不当的行为。

为了正确应对外部变化带来的各种挑战，做出恰当的反应和正确的行为选择，我们应力求减少谬见，避免谬见对我们的不良影响。

我们的解释不一定都通过语言和文字表达出来，更多的解释只存在于我们内心的活动中。

随着科学的发展，人类对自然、社会中许多事物之间的联系、事物发展变化的原因有了更加科学的解释，许多谬见得到纠正。

对世界的正确解释让我们更好地适应社会，而谬见则会导致我们错误的应对方式。

人从哪里来？科学解释由猿进化而来。

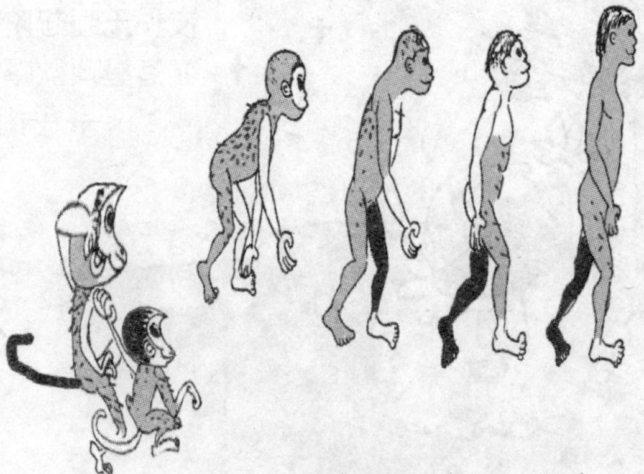

于是现代人的世界是一个适者生存、不断进化的世界。

古代解释是女娲用藤条沾泥水造人。

于是，古代人的世界是崇拜天地和鬼神的世界。

古人生活在现实的神话世界中，现代人生活在现实的科学世界中。

古代也许有人会相信牛郎织女每年七夕会在银河上的鹊桥相会，现代人则会认为这是一个美丽的传说，绝不会据此来解释天象。

为减少我们在日常生活中的错误应对方式，我们就需要减少自己的谬见。要减少自己的谬见，就要努力提高我们解释的质量。减少谬见的方式有很多，比如努力学习科学知识，提高思想认识，开阔眼界，丰富经验等。

思考练习

你对生活中自己或者他人的谬见有觉察吗?

2 了解解释特点，减少谬见空间

衡量一种解释是否“靠谱”，通常要看它的完整性、准确性和正确性。

通常囿于了解的信息，我们的解释难免会有管中窥豹的片面性。

只有花费时间等待，你才能看见全部过程。

通常由于我们搜集到的信息的模糊性，加上我们大脑对信息的“快速思维”和分析，我们的解释只能是大致准确。

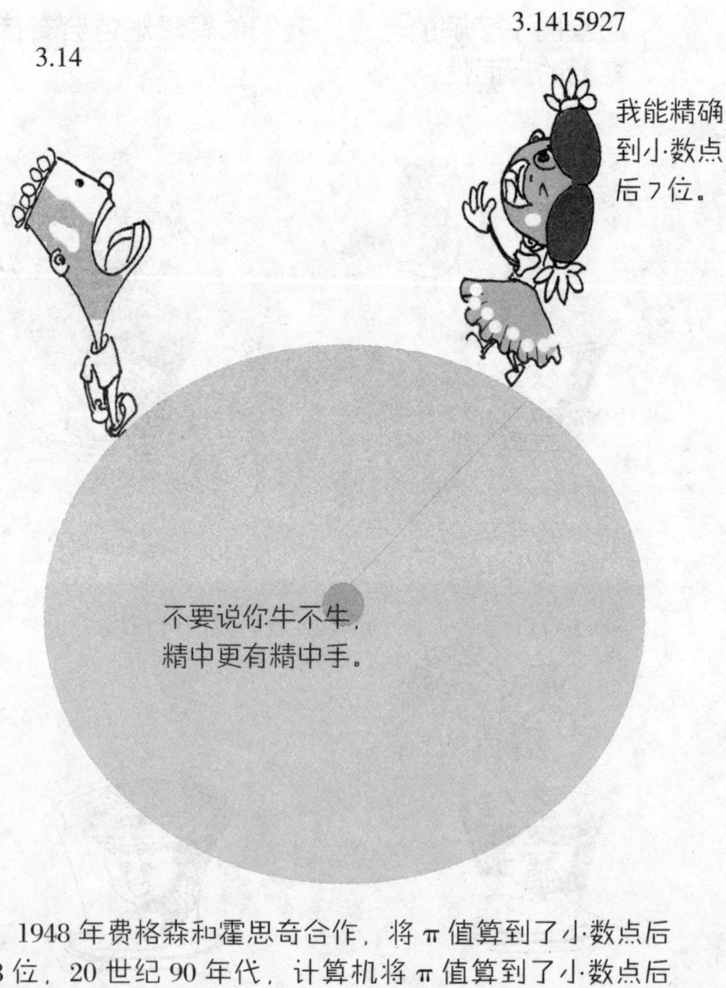

1948年费格森和霍思奇合作，将π值算到了小数点后808位，20世纪90年代，计算机将π值算到了小数点后4.8亿位。

科学知识和科学方法的普及，使我们解释的准确性和正确性大为提高。但是，一些陈旧的偏见和习惯，以及一些愚昧和迷信，仍然可能会“带偏”我们的解释。

现实中的解释一般具有多样性、丰富性和复杂性的特点。

世界上无论大小事情的原因及趋势都可以有多种解释。

我想，他们
上课了还在
踢足球。

也许他们不知
道是他们梦见
了蝴蝶，还是
蝴蝶梦见了他
们。

世界上任何事情都可以有多个答案，而人们的解释远比答案还要多得多！

庄子和惠子正在争论鱼乐还是鱼惊。

庄子和惠子
看见鱼跳跃。

鱼乐！

鱼惊！

“子非我，安知
我 不 知 鱼 之
乐?”

『子非鱼，安知鱼之乐？』

解释可以有意识地完成，也可能在无意中完成。

我们有时是专心致志于解释工作的，不仅有意识地去解释，还要制订一个宏伟的计划来完成解释。

数学组计划：
参加数学竞赛。

班级舞蹈队：
争取进入校舞蹈队。

动物标本组：
计划采集小动物标本。

侦察组：
发现进步同学，帮助同学改正缺点。

解释有时是无意识的，甚至只是基于一种感觉。

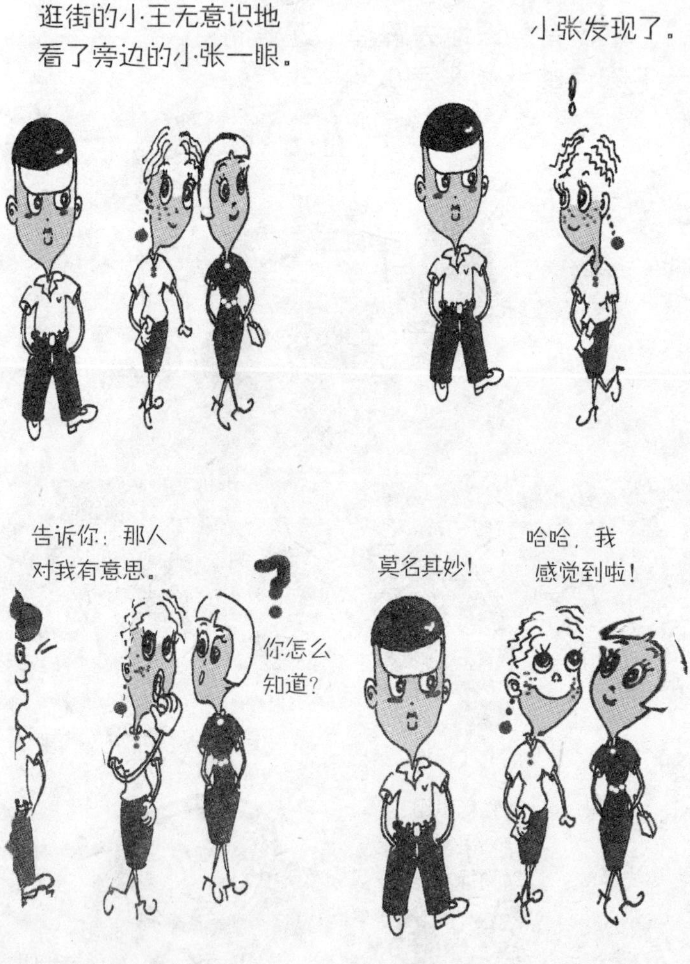

解释有时候是按照一定程序和形式进行的，有的经过仔细思考以后做出，甚至是集体讨论后才做出，但是大量的解释是我们在不经意的瞬间做出的。

解释既可简单也可复杂。

简单的解释，我们凭借自己的经验，依据自己的习惯，可以瞬间就完成解释。

2002年诺贝尔经济学奖得主丹尼尔·卡尼曼认为，人的大脑有两套思考认知系统：系统一是无意识、自主、快速运行的，不费力，自己没有感觉到就完成了；系统二是需要较多注意力，费脑力的多样化复杂活动。我们的解释与此类似，也有无意识和有意识两种类型。

复杂的解释，有更多的理性成分。

(李爸开了一个长达四个小时的会议，要求各部门执行本季度计划，为此李爸讲出了一长串理由。)

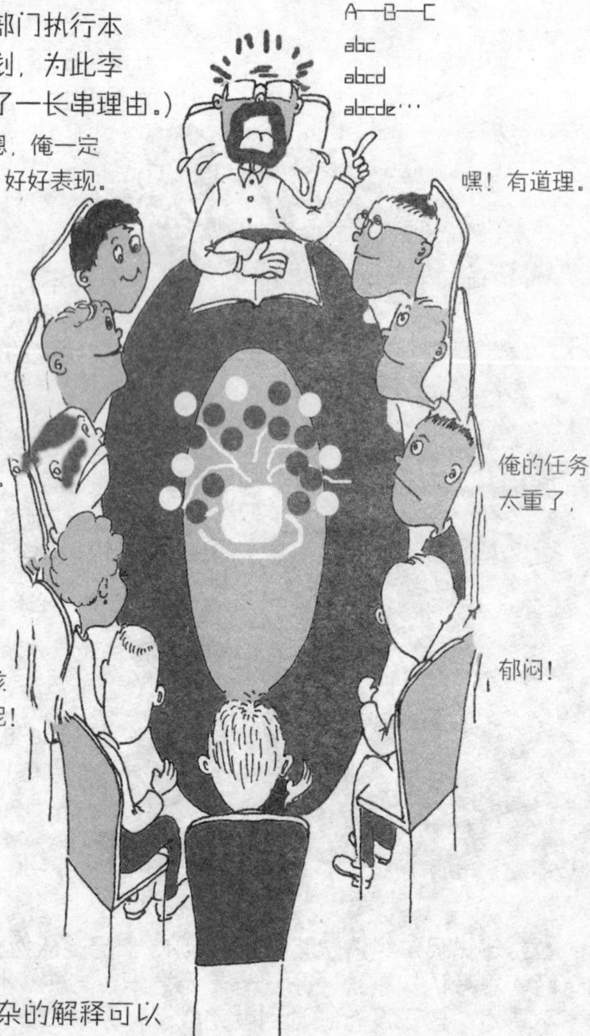

复杂的解释可以是长达几百页的详细报告。

日常生活中许多解释都是在瞬间完成的，有时我们甚至都没有意识到自己正在对事物做出判断和解释，我们的解释就已经完成了，甚至我们应对的行为也已经做出来了。

日常生活中的很多应对都需要即时判断和反应，因此也要求依靠经验和素质迅速做出相关解释，而不是经过理性思考。

解释多样性的原因。

世界及其现象具有复杂性，复杂性导致我们无法准确地感受和认识现象。

个人感受是丰富的，受情感、立场和利益影响的制约；我们总是从自己的立场出发来解释世界，有多少立场就有多少解释，有多少利益就有多少解释。

个人的能力、经验和人生水平是参差不齐的，理解有差异，解释也就有差异。

人生中，很多因素是不确定的，也是无法解释和理解的，所以人们就在解释时加入了推测和臆断。

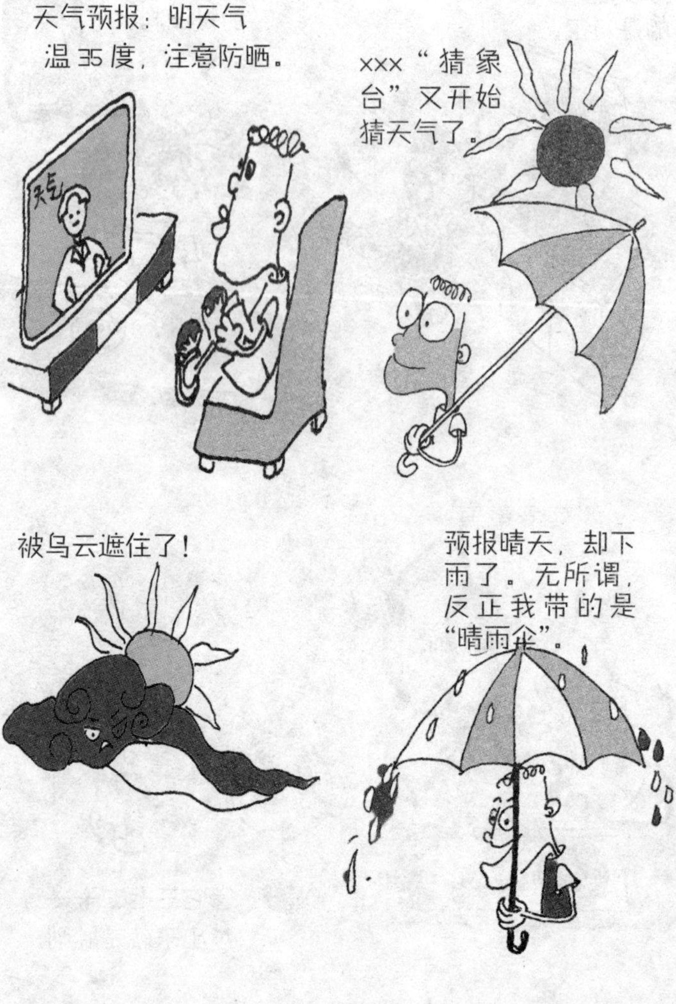

外部世界又是不断变化的，这种多变性既增加了解释的难度，也提高了解释的容错性，允许我们对解释加以修正。

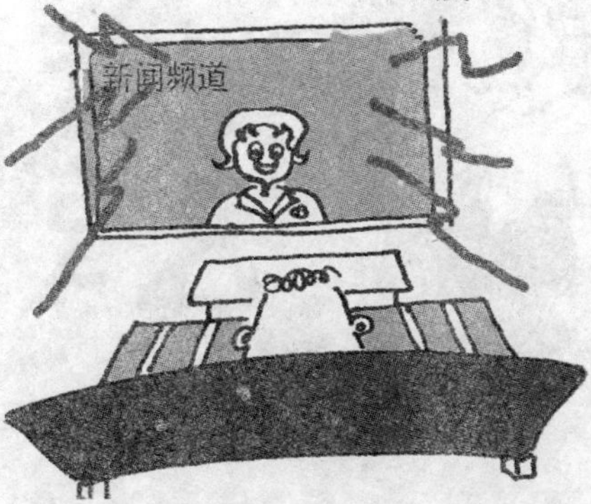

所有的解释都会受实践的检验，在实践过程中不断补充、修正和完善。

我们把握的信息是有限的，不得不根据经验来补齐缺失的环节，推测可能的环节。

现代天文学通过引力透镜，结合宇宙中大尺度结构形成和膨胀宇宙论研究表明，宇宙中大约有 26.8%的暗物质。

影响解释的客观性的其他因素。

无论你多么努力追求解释的完整性、准确性、正确性，所有的解释都无法避免主观成分。

情绪。情绪会干扰解释和反应的客观性。

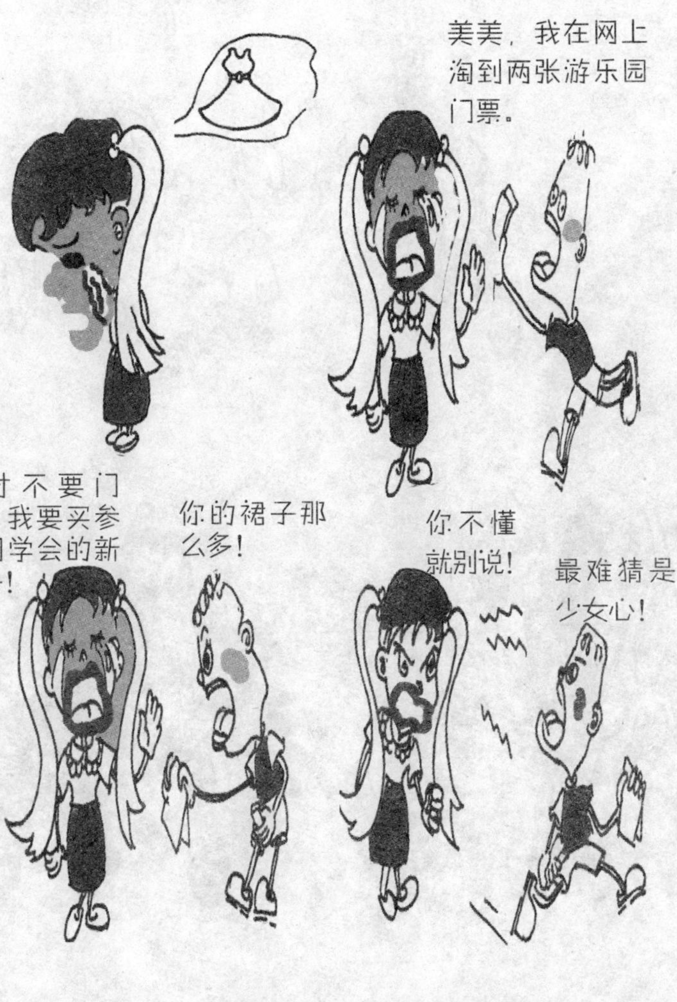

情感。情感会屏蔽解释时的理智因素。

习惯。习惯会扭曲你的解释。

都说跑步伤膝盖，
我的心理无障碍。

谁说床上看书伤眼睛，
我的裸眼视力 2.0。

智力与经验。智力高、经验丰富有助于提升解释的客观性；智力低、经验少，会使解释具有更多主观色彩。

哦，只是没
有油了！

我怎么没
有想到呢？

信息（信息总是残缺的）。信息过多，你被淹没在信息中；信息过少，你必须靠经验来补全残缺的信息。我们选择和利用信息的偏好也影响我们的解释。

她还是全市业余歌手比赛第二名呢！

哦！真是人不可貌相，海水不可斗量！

解释的定势。人们的思维定势影响解释。

思维定势指的是对某一特定活动的准备状态。它是由习惯和趋向导致的一种自动化思维，常常束缚思维的发散性，导致我们用“成见”来解释各种事情，看不到事情的变化和差异。

狼要吃羊：无论你是在上游还是在下游，你喝水都把我喝的水弄脏了!

狗走千里要吃屎，狼行千里要吃羊。

财迷眼中的他人都是财迷。

财迷的偏见。

怎么看见这些人眼中全是钞票呢？
嘿嘿，见钱眼开！

色迷眼中的他人都是色迷。

这就是色迷的偏见。

解释的容错性。

因为世界的复杂性和多变性，不论怎样解释，生活都容许我们添加一定的主观色彩，这是无法避免的，所以解释也有容错性，容许我们的解释有一定的主观偏差。

有的解释，只能有一个答案。

老爸+老妈

=3。

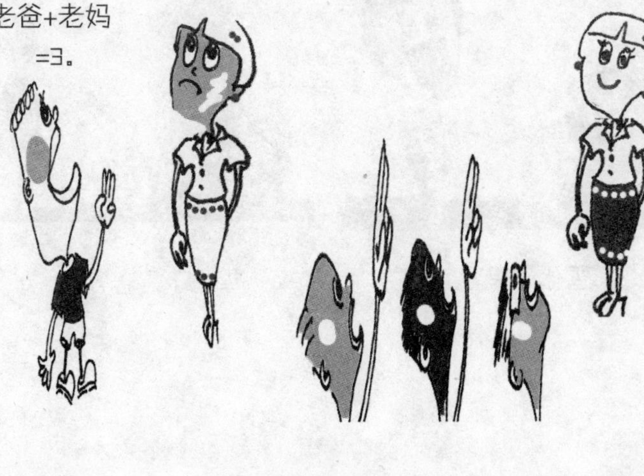

有的解释，可以有多种答案。

春日一到冰雪融。

雪化了是什么？

雪化了是水！

雪化了是春天！

解释的容错性包含一个心理标准——可接受性（他人可以接受，自己可以承受）。

解释的容错性有一个社会标准——可行性，即在日常生活中行得通，他人可接受，在实践中取得了一定效果。

鲁迅先生曾说，我是有些自信，又有些不自信。由于解释以上的特点，我们不能过于执着于自己的解释，对事情的“真”和“实”，解释的“对”和“错”，应常怀谦虚和敬畏之心。

思考练习

你认为谬见和解释有什么联系？

3 解释的作用

你的解释决定你的生活，你的全部解释决定你的生活方式。

哗哗，下雨了。

“天街小雨润如酥”，淋点小雨也舒服。

人生就是要独立地经风雨见世面。

虽然低头求人，但是可避雨！

既可避雨，又可交友。

解释可以帮助我们为事物定性、定位，也为事物与我们的关系定性、定位，从而在一定程度上确定了我们的应对方式。

如何解释决定了你如何感受世界，如何应对世界。

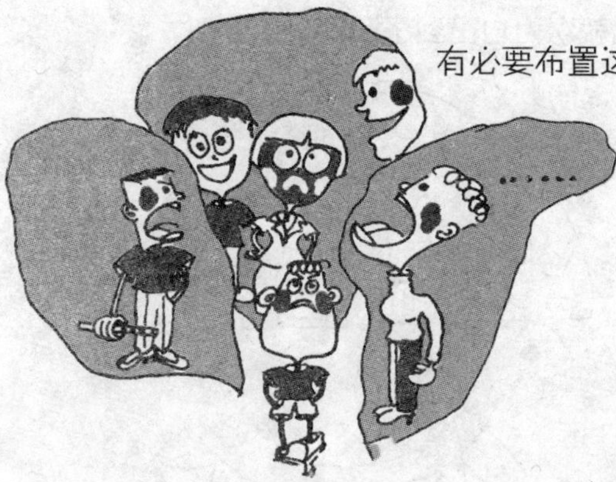

不同的解释导致我们有不同的生活态度和生活方式。

古人认为天圆地方，一只大龟托起大地，因此有人到了海南岛的南端就以为自己到了天涯海角。

现代科学揭示地球不过是太阳系中的九大行星之一，地球是目前发现的唯一适合人类居住的星球。于是有人热心保护地球生态，有人热衷于探索外星生命。

不同的解释会导致不同的心情，不同的应对方法，不同的行为结果。解释的行为结果累积起来就决定了我们的生活态度和生活方式。

银河是天上的大河。

迢迢牵牛星，
杳在河之阳。
粲粲黄姑女，
耿耿遥相望。
——李煜

牛郎和织女每年七夕都会鹊桥相会。

两情若是久长时，
又岂在朝朝暮暮。
——秦观

你的解释又被故事带偏了！

不同的解释导致不同的感受和应对方式，决定你的生活态度。

习惯进行乐观解释的人，可以把困难解释成挑战。

乐观主义的心理要素：

愉悦

明天要表演，
先吹竖笛。

满意

完成其他作业。

感恩　宽恕

惯于进行乐观解释的人面对同样的现实有更多的幸福感。

从一个人的解释中可以窥见他的生活态度。

马丁·塞利格曼提出一个幸福公式：幸福指数＝先天遗传素质＋后天环境＋你能主动控制的心理力量。

乐观的解释决定了我们积极的生活态度和生活方式。

悲观解释的核心是负性思维。

当个人主义使我们相信自己是世界中心时，这种信念系统会让我们有更多挫折和失败感。

凡事往坏处想，无助，困难重重，习惯放弃，会让我们产生更多挫折感。

你的解释决定你的悲喜人生。

也许你的某一个解释对你的生活影响不大，也许你自己的许多解释之间还相互矛盾，但是在你的全部解释总和中总有一个方向，表现出你解释的水平。正是这种解释的指向性和水平最终决定了你的生活方式。

你最大的敌人，是你悲观的惯性思维。

金钱、健康在人生中都很重要。但是，你对金钱、健康的看法比金钱、健康本身更影响你的幸福。

悲观的解释让我们在面对机会时畏缩不前。

能力弱，不敢说。

基础差，学不会。

这不幸，那不幸，
悲观解释最不幸。

人生重大事件的成败取决于我们解释中的理性和科学成分的多少。

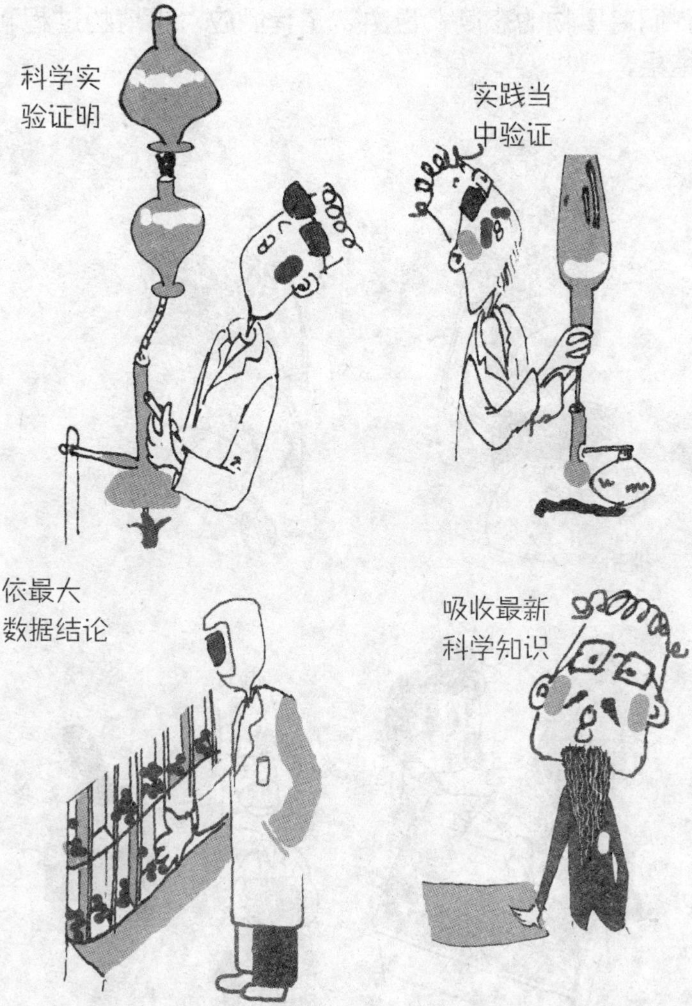

解释并不只是给了我们一个“说法”，而且也深刻地影响我们的生活，影响我们的生活方向、生活方式和生活质量。

日常生活中的许多解释则取决于乐观不乐观、积极不积极、自信不自信。正是解释中这些因素决定了我们对事物的态度，也决定了我们应对事情的过程和结果。

挫折

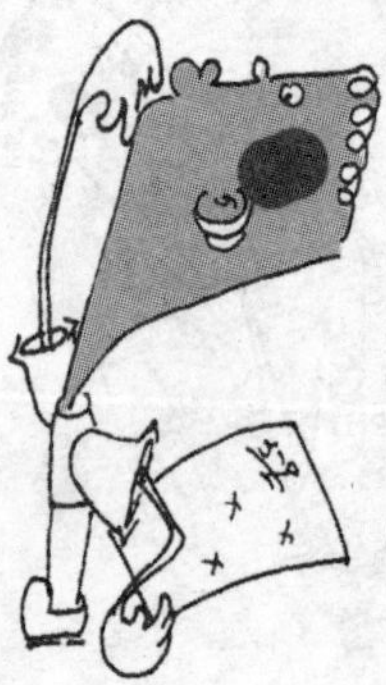

乐观

积极

自信

思考练习

你觉得对世界和生活的解释会影响你的生活吗？

4 改变人生从改进解释着手

我们形成的解释习惯和解释定式，如果不加以改变，可以持续一生。

解释会形成自己的固定思路，如果不改变解释，我们终身都会按自己习惯的解释来生活。

手执青秧插满田，
低头便见水中天。
六根清静方为道，
退步原来是向前。
——《插秧偈》

看山是山，看水是水，看山不是山，看水不是水，看山还是山，看水还是水。

改变自己的人生可以从改进自己对人生的解释着手。用解释改变你的世界和人生。

每天坚持七点起，
本只小猪了不起。

口若悬河，
都是泡沫。
闷死斑马，
淹死骆驼。

不是我不小心，
而是骨头大意。

坐久了，防疲劳。
弯弯腰，身体好。

你说我美，
我夸你帅。
良言互动，
友谊永在。

我的青春小鸟
一样追回来！

你想改变生活，首先就要改变解释。

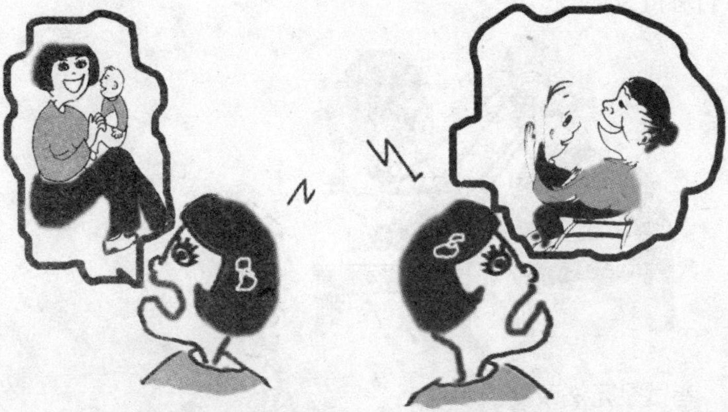

妈妈喜欢弟弟，我嫉妒他！　　奶奶也喜欢弟弟，我讨厌他！

爸爸，呜呜呜……我哪里做错了？

做个好姐姐，大家更喜欢，哈哈！

当你无法改变外部事物的性质、过程时，你可以改进你的解释，从而改变你的感受和态度，改变你的心情。

考试是无法改变的事情。

我最最最讨厌考试，说起考试就头痛！对考试的厌恶让我无法复习！

其实你只要接受考试，把考试解释成自己必须经过的“小桥”，你就可以放松心情，认真备考！

只有改变学习态度，才能改变心情。

改变解释可以改变你的应对方法。

生活需要细心，可是不要多心。

用发展变化和辩证的眼光看问题。

祸福无门，
唯人自招。

此子此生可保平安，但也失去
拜将封侯的机会了。

条条大道通罗马！

改变解释可以改变你的心理承受力。承受力的改变可以使你更好地面对人生。鲁迅说，我是有些自信，也有些不自信。其实这是我们都应该具备的人生态度。

当解释不是作为应对外部需要的措施，而仅仅是自己内心需要的理由和心理时，乐观的解释有助于心理健康。

卷毛的数学又不及格。

卷毛内心很懊恼！

有什么了不起，我不就数学差点，但我的语文很不错呢！体育更是全班第一！

卷毛的淡定使他语文考了满分呢！

不断地改进解释后，你的人生会发生改变。

不是为吃而吃，
是为成长而吃。

吃是一种快乐，
更是一种“味道”。

味之道

吃的最高水平，就是让更多的人会吃！

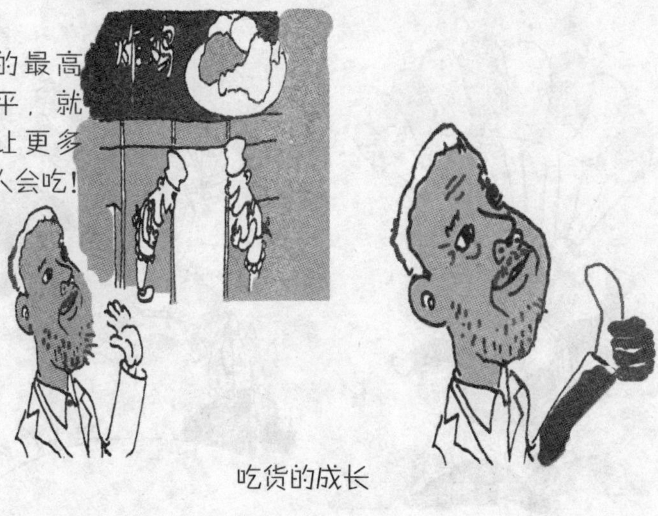

吃货的成长

为改变自己的生活，我们可以换一种解释。

我们想活出人生的自信，就应该让解释充满自信。

自信人生二百平，山地滑翔三千米。

我们想活出成功的人生，
就要让解释充满希望。

增加解释的客观性和科学性，减少主观的臆测。

生活中我们的解释，有时是为了给自己一个理由，有时是为了找一个借口，有时仅仅是情绪的宣泄，有时是思维定势的固执，有时是负面因素的持续发酵。这些解释都会影响我们的应对方式，影响我们与他人相处，也影响我们的信心和潜力的开发。

按事物本身的发展规律来解释。

雨后烟景绿，
晴天散余霞。
东风随春归，
发我枝上花。
——李白

节物相催各自新，
痴心儿女挽留春。
芳菲歇去何须恨，
夏木阴阴正可人。
——秦观

悲哉秋之为气也！萧瑟兮草木摇落而变衰，憭栗兮若在远行，登山临水兮送将归。

——宋玉

雪霜自兹始，草木当更新。
严冬不肃杀，何以见阳春。

——吕温

按客观性和科学性来解释世界，你的应对就更加从容，更加得体。

不把解释当作借口。

不用解释来自欺欺人。

掩耳盗铃般的解释只会让你输得更惨！

不要迷信经验。

情人节是送信还是送花?

学会调整和完善过于执着的解释。

解释可以虚心点，不要过于执着自己的认识，要认识自己的局限性。

孔子和弟子困于陈、蔡，七天没有饭吃。

颜回用他人赠送的米去做饭。

孔子看见颜回用手抓起米饭塞进嘴里，假装没有看见。

饭做好之后，孔子故意说要用米饭祭祀先人。

颜回说，米饭被锅烟灰弄脏了，我用手把弄脏的那块抓来吃了，因此不能再用于祭祀。

孔子感叹："所信者目也，而目犹不可信；所恃者心也，而心犹不足恃。"

克服消极情绪对解释的影响，烦恼都是心造！

杞人忧天

古代杞国有个人担心天会塌、地会陷，而忧心忡忡。

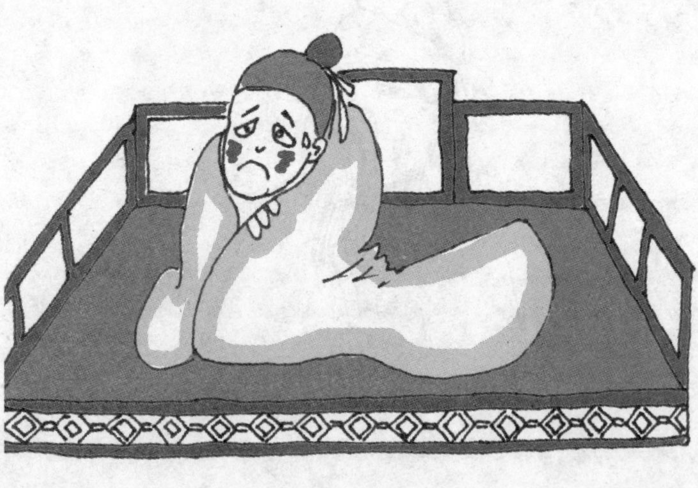

他担心得睡不着觉。

吃不下饭。

有朋友告诉他，天是空气充斥四周，不可能塌，地是土地遍布四方，也不会陷，他这才放下心来。

反省自己，解释时不要把自己阴暗的心理投射到解释中。

我们如果总是把他人设想得很坏，是不是应该也反省一下自己呢？

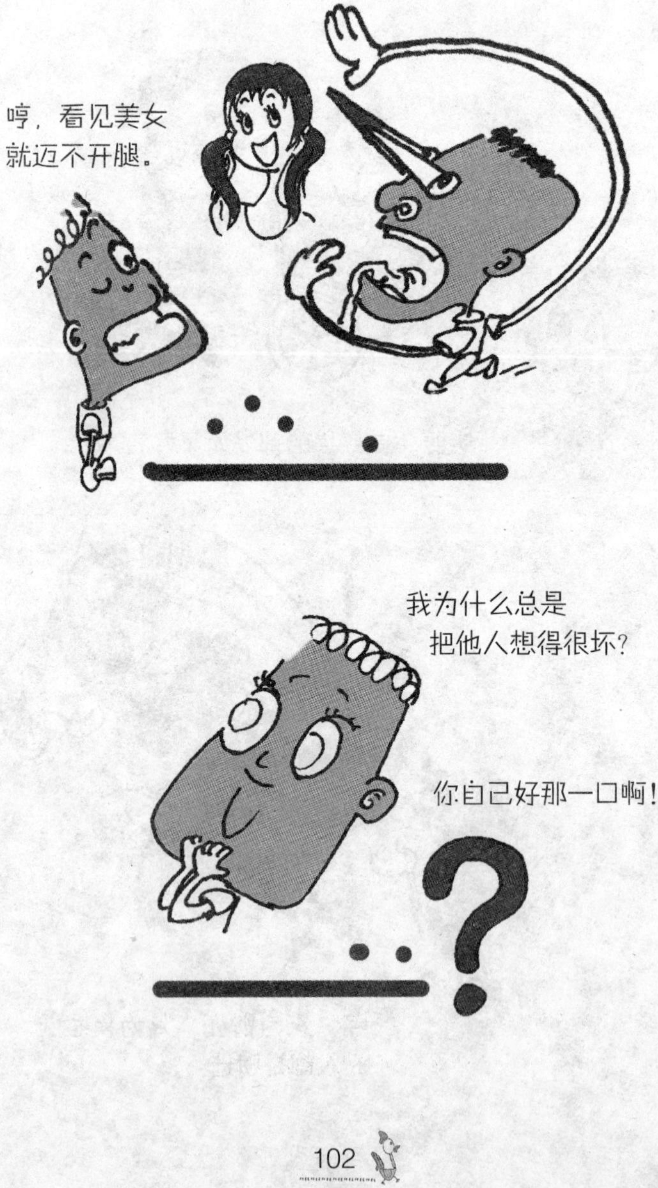
哼，看见美女
就迈不开腿。
我为什么总是
把他人想得很坏？
你自己好那一口啊！

解释时少点武断，多点虚心。

我们以为世界像我们认识和猜测的那样，其实，那也只不过是我们自己的解释。认识到这一点，我们会更虚心，不断完善自己的解释。

啊？原来在
讨论数学题？

不要乱猜测！

对客观事物的因果关系、发展过程的解释应尽可能客观科学，不要愚昧和迷信，从而从容应对。

数学考试又考得差劲……

阿弥陀佛！保佑我数学考试考好……

我这么虔诚地祈祷，为什么菩萨还是不保佑我！

求菩萨的人太多，菩萨忙不过来。学习只能靠自己！

学会多角度解释。囿于自己的立场、观点、经验，我们常会片面地解释自己遇到的现象。其实，你只是从一个角度去认识问题，你还可以从多角度来看同一种现象。

正是因为看待事物可以有多种角度，生活不可能只有一种解释，所以我们可以有多种活法。

尝试从多角度解释。

不识庐山真面目，
只缘身在此山中。

从更大的时间空间尺度来解释问题。当利益、困难和所有遇到的问题放到更大的时空范围来思考，你的解释就会不一样。

你可以比较一下你过去和现在思考、解释、应对问题的时空范围，以及你所计较利益的不同方式，你就会体会到更大时空尺度解释问题的好处！

对人对事多往好处想。

对人对事更加包容。

豁达大度

容纳非议

宽厚待人

积极乐观解释生活事件，增加信心和勇气。

哈哈！好惬意！

突然发现前面有障碍物

“哦豁”！

卷毛很乐观

好惬意

古希腊哲学家伊壁鸠鲁说：“人类不是被问题本身所困扰，而是被他们对问题的看法所困扰。”

面对困难时的解释要更积极。

积极的解释，使哭婆婆变成笑婆婆。

大家不要着急，
都可以买
到！

哈哈，天气好，小女
儿的面条晒得好！下
雨了，大女儿的雨伞
生意好！
我是开心婆婆！

增加解释中的自我激励因素。

东方不亮西方亮。

可是，天生
我材必有用！

俺对围棋特别感
兴趣，经过九年的
努力，俺成为本市
围棋冠军！

还可以在解释中适当地自我安慰。

不怕

没关系

没什么了不起

对事物的解释不同，事情发展的结局就不同。

如果把屡战屡败看成是屡败屡战，结果会如何呢？

卷毛和皮皮踢足球时发生冲撞。

观众起哄，皮皮故意犯规。

结果：两败其伤。

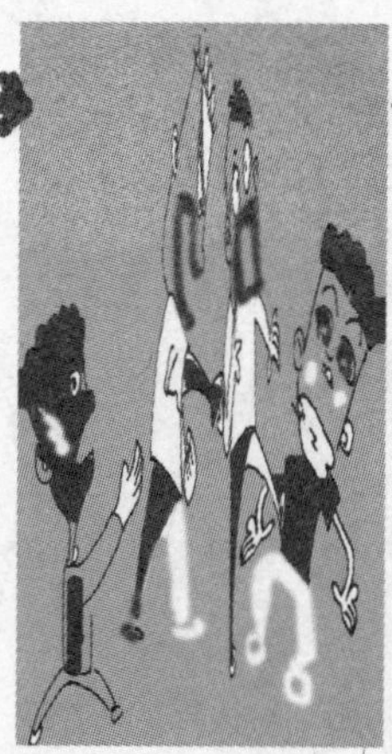

卷毛主动扶起地上的皮皮。

结果：双方变成朋友。

解释是照亮自己前行的灯，
让你的解释更加光明，人生
更加灿烂。

思考练习

你可以怎样更积极地解释世界和生活。

参考文献

艾里斯，2007. 别跟情绪过不去［M］. 广梅芳，译. 成都：四川大学出版社.

邦诺，2009. 送你六顶帽子--教你如何思考［M］. 刘素华，张叉，周晓来，等译. 成都：四川大学出版社.

布朗，基利，1996. 走出思维的误区［M］. 张晓辉，王全杰，译. 北京：中央编译出版社.

吉登斯，安东尼，1998. 社会的构成［M］. 李康，李猛，译. 北京：生活·读书·新知三联书店.

梁宁建，2004. 当代认知心理学［M］. 上海：上海教育出版社.

莫里斯，1987. 开放的自我［M］. 定扬，译. 上海：上海人民出版社.

奈特，2001. 激发潜能NLP成功法则［M］. 朱莉琪，译. 北京：机械工业出版社.

张春兴，1996. 现代心理学--现代人研究自身问题的科学［M］. 上海：上海人民出版社.